生命的奥秘，并非需要解决的问题，

而是需要体验的现实。

——阿伦 · 瓦兹

献给近 9000 公里外的一个萤火虫之夜。

——阿 · 诺

First published in Spain under the title Mil tomates y un rana. Historia de un huerto mínimo
This translation published by arrangement with Anna Spadolini Agency, Milano & CA-LINK International LLC, Beijing.

图字:09-2024-0841号

图书在版编目(CIP)数据

一千颗番茄和一只青蛙的绿色奇迹/(西)阿莱克斯·诺格斯著;(西)萨穆埃尔·卡斯塔尼奥绘;刘岁月译. --上海:上海译文出版社, 2025.6. --ISBN 978-7-5327-9909-1

I.S641.2-49

中国国家版本馆CIP数据核字第2025W7J777号

一千颗番茄和一只青蛙的绿色奇迹

［西］阿莱克斯·诺格斯 著 ［西］萨穆埃尔·卡斯塔尼奥 绘 刘岁月 译
责任编辑/赵平 装帧设计/柴昊洲

上海译文出版社有限公司出版、发行
网址：www.yiwen.com.cn
201101 上海市闵行区号景路 159 弄 B 座
上海雅昌艺术印刷有限公司印刷

开本 889×1194 1/16 印张 2.75 插页 4 字数 10,000
2025 年 6 月第 1 版 2025 年 6 月第 1 次印刷
印数：0,001-6,000 册
ISBN 978-7-5327-9909-1
定价：58.00 元

关于一座小小菜园的故事

一千颗番茄和一只青蛙的绿色奇迹

【西班牙】阿莱克斯·诺格斯 著
【西班牙】萨穆埃尔·卡斯塔尼奥 绘
刘岁月 译

上海译文出版社

第 0 周

虚无和一切总是比看起来更接近。

1883 年春，位于爪哇岛和苏门答腊岛之间的巽他海峡 * 的喀拉喀托岛，其面积是今天的 3 倍，那时的它被一片郁郁葱葱的热带雨林所覆盖。

然而在 1883 年 8 月 27 日上午 10：02，一次爆炸性火山喷发使岛上大部分地区灰飞烟灭，一切生命痕迹被彻底抹去。这是始于同年 5 月持续性火山喷发的最后一次，也是最猛烈的一次。

* 巽他海峡：位于印度尼西亚苏门答腊岛和爪哇岛之间的狭窄水道，连通太平洋的爪哇海与印度洋。

一切生命。

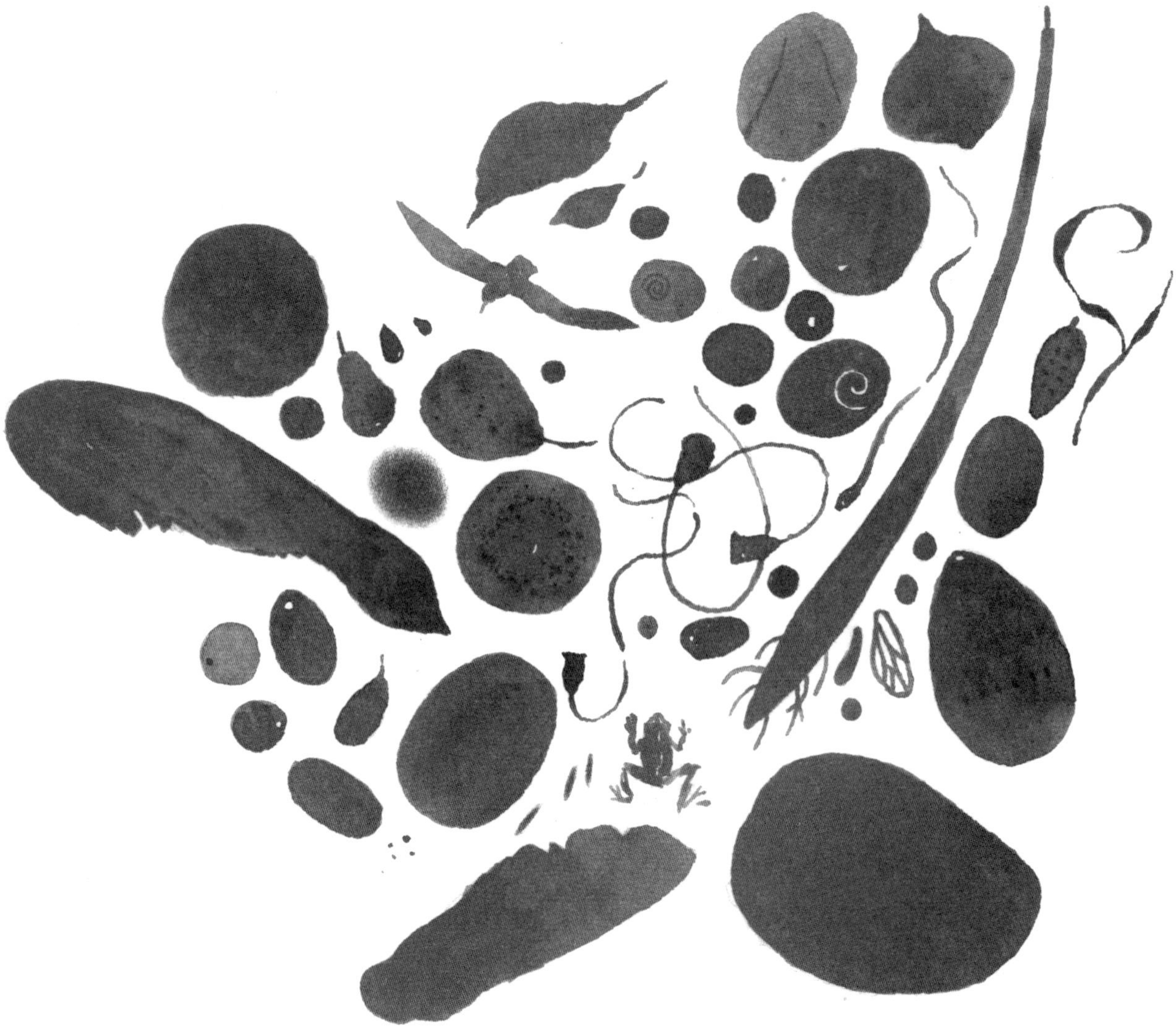

归于虚无。

那场灾难使整个世界的天空为之变暗，并改变了其后数年的气候。9 个月后，一支法国探险队自喀拉喀托岛火山喷发之后首次登岛。他们想要解开几个激动人心的谜题：生命将如何回归这座岛屿？雨林需要多久才能恢复？首先落户这片满是岩石与灰烬的不毛之地的会是怎样的生灵？

而我在夏天结束时，也问了自己同样的问题，当时的我正仔细观察我们空荡荡的小院，它就像一座与世隔绝的小岛，被刚从翻耕过的田里运来的泥土覆盖。

第 0 周至第 26 周

院子里的泥土缺乏有机质，缺少腐叶、蚯蚓、细菌、真菌……泥土和土壤不是一回事。土壤是有生命力的泥土，对于植物的生长来说，它与水或阳光一样重要。所以我决定耐心等待。那我该做些什么？喝咖啡 *、买芥菜籽 **、为找到一株三叶草 *** 而欣喜，还有播撒羊粪球 ****。

*
咖啡渣是纯粹的颗粒状有机物。适量使用的话，能为土壤提供极好的营养和结构。

**
芥菜是一种生命力极强的植物，只需数月时间，它的根系就能爬满所有小径，叶片和木质茎就能遮住整片土地，而你便可以将其收割，留在原地，使之化作肥料。

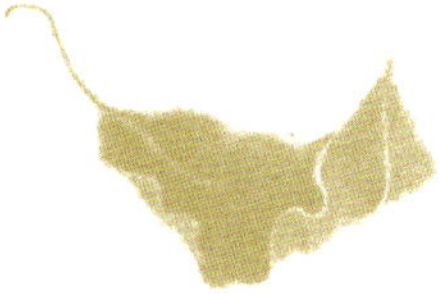

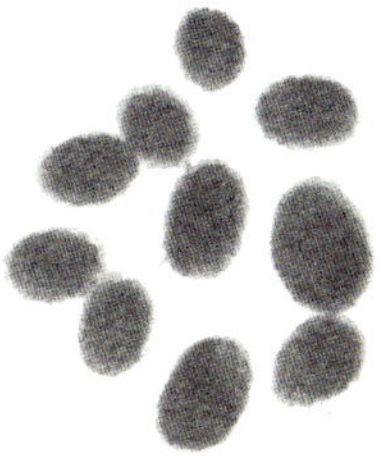

****

经过堆肥处理的羊粪球很是神奇。它们能够孕育出多种微生物，而微生物又对有机物的分解十分重要。我买的是加工成颗粒状的羊粪与少量稻草的混合物，所以我可以说，撒上几把这样的肥料，就相当于撒上了羊粪球。

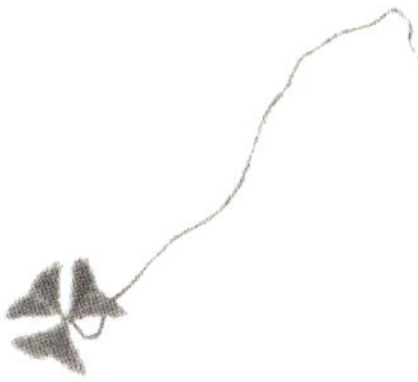

***

三叶草长势极快，能够蔓延成一片并控制杂草生长，还能稳固土壤氮含量。氮是植物用来构建绿色部位（叶子）的主要矿物质。一般来说，农民在施肥时首先要考虑为土壤提供大量氮元素。

第 29 周

春天来临时，我们全家做出一个决定：种一片占地 1 平方米的菜园。我们沿小院四边种植了灌木、花卉、一些藤蔓和小型本土植物。我们还运来几十块石头，供所有想要造访这里的生物落脚。我们弄到了 4 块旧木板，用它们围起打算用作菜园的区域——这是一个意味深长的象征性举动，仿佛我们正在建造的是一座罗马城。旧木板有其特别之处，它们就跟那些长满地衣的石头一样，二者都会向你传递一种年代感，很久远的年代感。

第 30 周

我们种植了许多作物，数量多到过分。5 株番茄、1 株白茄子、1 株黑茄子、一把细香葱、一些甜菜、1 株西葫芦、一些芝麻菜、2 株辣椒和 4 株生菜。木板边上种植了成片的草莓、旱金莲和石竹。院子的一角，还有 1 株黄瓜。

当我们栽种时，我想到了番茄，它于16世纪从墨西哥传入欧洲，而早在一千多年前，阿兹特克人*就已经在墨西哥种植它了。至于茄子，它在中世纪随阿拉伯文化一起来到欧洲，尽管它的种植始于三千年前的印度。细香葱的种植似乎起源于西伯利亚。于是，这一切让我意识到，我们种植的不只是蔬菜，还是跨越数千公里、绵延好几百年的人类历史**。

*
阿兹特克人是前哥伦布时期居住在墨西哥的一支印第安人，曾经建立了强大的阿兹特克帝国。

**
文化（cultura）和种植（cultivo）这两个词的拼写十分相似，这并非偶然。文化从来都是一个播种、照料和收获思想、知识及传统的过程。

第 33 周

番茄长得很快。蚜虫们消息灵通。起初它们数量很少，但如果我们找不到应对措施，它们很快就会成长为一支贪婪的无性繁殖大军。*

我一点儿农药都不想用。我想要的不是简单的解决方案，而是实现一种可持续性平衡。我想建造的是一片丛林，而不是一座番茄工厂。于是我跟儿子一起去田野里寻找答案。

刺苞菜蓟、琉璃苣、锦葵、绒毛草、嫩穗，到处都有蚜虫。而哪里有蚜虫，哪里就能发现瓢虫。我们看到几只瓢虫正在捕食蚜虫。

我们采集了瓢虫的成虫、幼虫、蛹和带有瓢虫卵的叶子。回来后，我们将一些幼虫留在番茄植株上，剩下的则放在院子里一株距离菜园刚好 2 米远的长满蚜虫的琉璃苣上。

*

如果你近距离认真观察，或者用放大镜看得更仔细些，你会发现有两种类型的蚜虫。绝大部分蚜虫没有翅膀且个头很小。这些蚜虫都是雌性的，它们是跟母亲一模一样的复制品。幸运的话，你会看到它们如何从更大的蚜虫体内孵化出来。这种繁殖方式能让它们以极快的速度占领一株植物。有时，某一代雌虫会生出翅膀，以便转移到新的植物上。当条件成熟时，最后一批孵化出的蚜虫中既有带翅雌虫也有带翅雄虫。它们会立即飞出去寻找配偶，很快雌虫便会产卵，留待春天孵化。

第 34 周

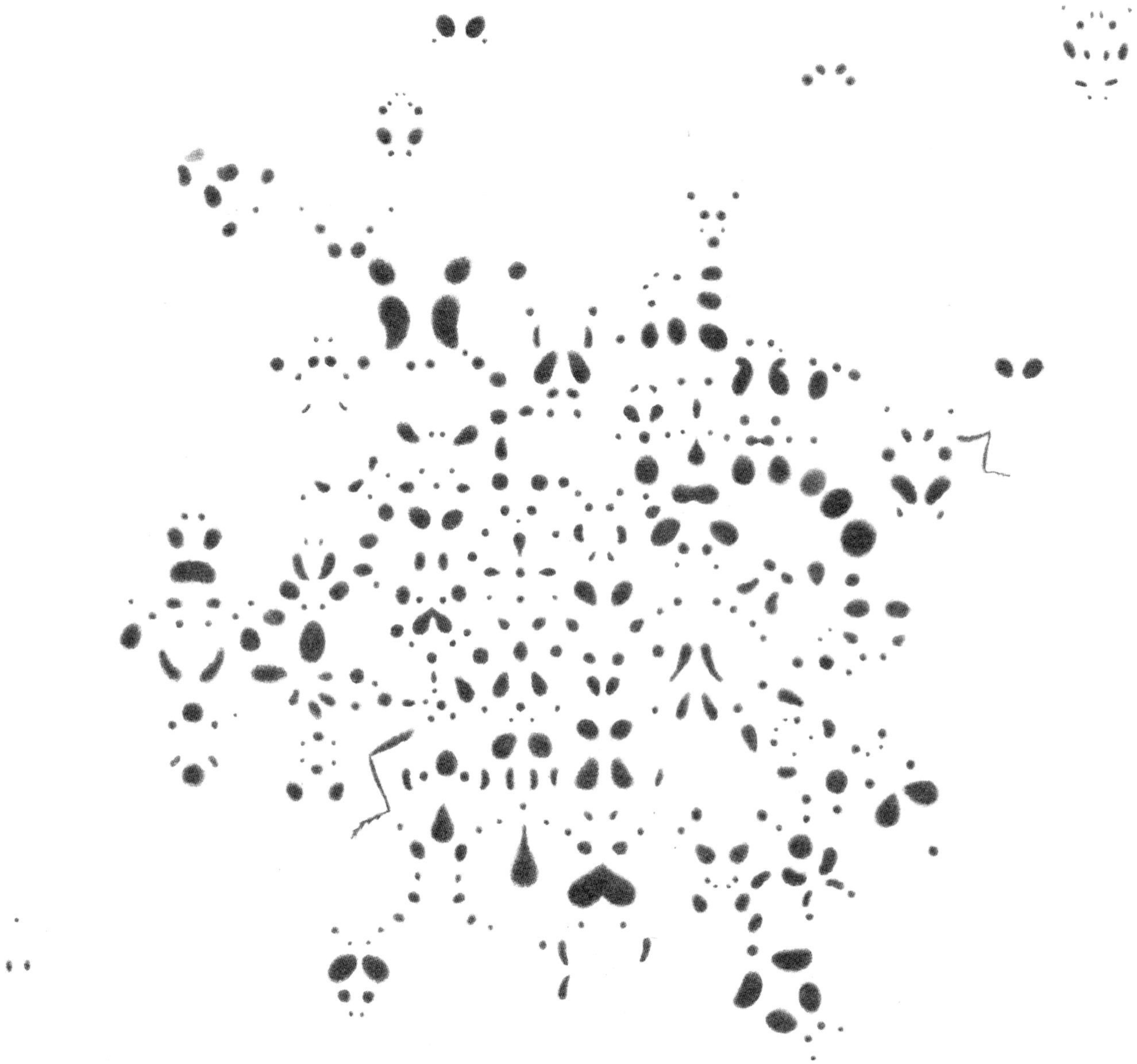

有飞得慢的大瓢虫，也有飞得快的小瓢虫，有无星瓢虫，也有两星、七星、二十二星、二十四星瓢虫，有红瓢虫、黄瓢虫，也有几乎纯黑的瓢虫……

所谓的观察就是在看似相同的事物中发现差异，从不同的事物间寻找共同点，是在宏大之中见细微，细微之中见宏大。

我仔细观察。瓢虫的幼虫诞生了。瓢虫的成虫如凤凰重生般破蛹而出。我们留在琉璃苣上的瓢虫们相遇并交配。微小的世界。微小的历史。

第 36 周

我们挪走了枝繁叶茂的西葫芦，免得它霸占整个菜园和一部分院子。我们及时采摘了生菜和芝麻菜。番茄长得又快又多，很快就在菜园里投下了阴影。种下的 5 株里面，有 4 株长势喜人。我们用藤条和柳条将它们捆绑起来，没过多久，一不留神，我们竟建造出一座 2 米高的丛林小屋。青蛙们来向我们表示感谢。

青蛙！一只美丽的地中海小树蛙 * 在菜园里安了家。晒太阳、休息，来了又走。我们叫它克洛蒂尔德。它似乎很喜欢。在接下来的三个月里，我们听着它呱呱叫，看着它成长并与至少三个朋友一起共享菜园。

*

地中海树蛙是一种绿色的小青蛙，脸上有两条深色条纹，与眼睛齐平。它们整天蹲在植物顶端，并将自己伪装起来。如果你观察的时机不合适，位置不凑巧，就很难发现它们。听到它们的叫声会更容易些，毕竟它们叫得沙哑而有力。

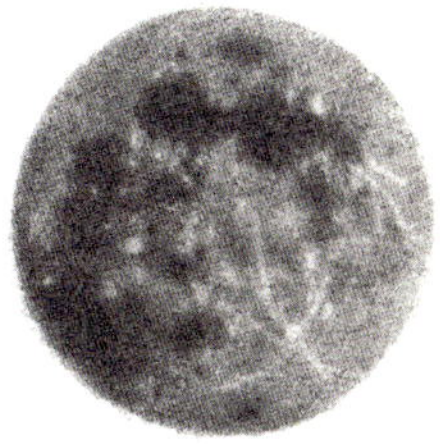

第 37 周

当气温开始急剧升高时，我们不得不离开几天。怎么给菜园和院子浇水呢？我们装了一个自动浇灌设备，而我仅凭直觉将其设置为早晚各浇 10 分钟。

当我们回来时，一切欣欣向荣。

我很高兴自己猜对了。

通过降雨或者灌溉进入土壤的水分会以 3 种方式从土壤中消失。一小部分会在阳光的直射下蒸发，就像海水浴后残留在我们皮肤上的水分一样。另一个更重要的途径是，被成长中的植物通过根系汲取。植物会出汗……而且很多。

最后，如果土壤空隙中的水分达到饱和，那么任何一丁点儿新进入土壤的水分都会迫使其渗透到植物根系够不着的地方，从而进入含水层。

我算了一下我们的用水量。不多不少，刚好足够作物产量实现最大化。我们的小院，在苛刻的地中海气候下，每天每平方米大约消耗 7 升水。

第 38 周

1.

2.

当你种下的白茄开始结果时，你就会明白为什么美国人要叫它鸡蛋茄。

先有蛋？先有鸡？

还是先有鸡蛋茄？

第 38 周至第 50 周

整个夏天，腰部细长的大黄蜂都在菜园及其周围飞舞。它们在潮湿的地面上找着什么。我做了点儿功课。它们是掘土蜂。看起来它们是在为后代寻找完美的筑巢地。

院子的一角出现了一个小“陶壶”，它是由另一种黄蜂——土蜂（学名：蜾蠃）——建造的。

不管是掘土蜂的隧道式巢穴还是这种陶壶式巢穴，都是用来存储中毒的毛毛虫、其他昆虫或蜘蛛的。它们在将来会成为在里面进行孵化的幸运黄蜂幼虫的新鲜美食。

茄子叶上千疮百孔。似乎有一些绿色的小毛毛虫觉得它们很美味。我发现了一条死掉的毛毛虫，它的脑袋粘在叶子背面的某种树脂里。

那条毛毛虫几乎被白色颗粒物和一种蜘蛛网完全覆盖。我摘下这片叶子，将它保存在一只透明小盒里。没过几天，15 只小黄蜂诞生了。

你觉得这很残忍，对吗？达尔文也这么认为。我不明白一个全能的造物主怎么会创造出这样的事情，但大自然既不评判也不能被评判。部分构成整体。一切恰到好处。我应该宽容。于是我打开茄子叶下方的盒子，让黄蜂们继续自己的人生。

第 38 周至 50 周

出现了毛毛虫、胭脂虫、蚜虫。

我在焦躁不安中带回了瓢虫。不过既然黄蜂和青蛙都来了，我相信瓢虫迟早也会来。

如果我更急躁，并且使用了杀虫剂，那么黄蜂和青蛙都不会来，也不会有像大山雀和灰莺这样的鸟类飞进我们的丛林，捕食毛毛虫和其他昆虫——就算来了又能吃什么呢?

一旦我用了杀虫剂，那以后每一年我都得用。什么样的掠食者会去没有猎物的菜园捕食？你会去没有食物的餐厅吃饭吗？

同样，如果你通过耕耘和除草剂破坏了土壤，那以后每一年你都得耕耘和施肥。如果不给土壤留出足够的时间进行自我修复，你就得为作物人工造田，年复一年。

平衡一旦打破，种田人就得起早贪黑。

平衡一旦建立，你几乎可以不劳而获。

小小的樱桃番茄成熟了。我们的果实圆圆的，分为两种：一种是橙红色，气味芳香，口感偏酸；另一种带虎皮纹，呈深红色和绿色，味道更甜。还有一种很美味的樱桃番茄呈梨形，成熟后会变红，变成完美的正红色，就跟番茄一样红。

阳光明媚。我摘下一颗，它被晒得滚烫。我把它放进嘴里，咬到爆浆——我体验到了活着的感觉。

(mano).

1
2

第 45 周

在市场上，有人教我如何回收番茄籽。非常简单，泡水就行。大约三天后，等水面上生出真菌 *，将其过滤。果肉轻松分离，种子则被真菌包裹。待晾干后，便可将其连同那一层珍贵的保护层一起储存。当一颗番茄成熟后落地，自然界便是如此运作的。干吗要让生活变得复杂呢？

我思考着一颗种子。它几乎微不足道，但里头沉睡着一株番茄苗，它可以长到 2 米多高，结出好几公斤番茄。虚无中暗藏一切。种子发芽就是宇宙大爆炸的缩影。

*
有些真菌，例如青霉菌，能提炼出强效抗生素。

第 50 周

我算了算。我们收获了大约 11 公斤樱桃番茄。平均每颗番茄重约 10 克。那么，总共就是大约 1100 颗！每颗番茄大约含有 20—25 粒种子。我们假设其中 15 粒能够发芽。要想将我们收获的 16500 粒种子全部种下，考虑到我们的 3 株野生番茄占地 0.5 平方米，我们将需要 2750 平方米的土地，几乎有 1/3 个足球场那么大！

如果第 2 年重复这个过程，我们将需要 1300 多个完整的足球场。

第 50 周

夏天结束了。收成很不错。我们每天都能摘到点儿东西。比如黄瓜。我们最后一共收获 48 根黄瓜。你得非常爱吃黄瓜才能顶得住它的生长节奏。或者你可以学习很多食谱。虽然我们很爱黄瓜，但是我们的黄瓜似乎铁了心要让我们腻烦它。如果你在早上和晚上分别观察同一根黄瓜，你可以清晰地看到它在长大。假如你稍不留意，最多几天时间，它们就能变得巨大，而且成双成对，或者三四根一起相伴而“熟”。等你种下一株黄瓜，你便能理解并且感激腌黄瓜这项发明。

石头。潮湿。阴凉。散落的烂菜叶子。这不是蜗牛养殖场，而是我们的院子。

夏天结束时，出现了大量的蜗牛。

但我们的菜园十分坚挺。菜园里一片生机勃勃，经受住了软体动物的肆虐。蜗牛和蛞蝓酷爱吃白茄子叶。为什么它们不爱吃长在它们边上的黑茄子叶，这是一个待解之谜。

一天晚上，我带着手电筒巡视院子。蜗牛多到数不过来。

有几天清晨，我把看到的所有蜗牛都捉了起来。有许多蜗牛躲在辣椒叶子里。我在附近的草坪上把它们放了生，但很快就不这么干了。我已经吸取教训。最好要有耐心。

我发现一种蜗牛 *，它们数量最多，喜欢枯叶多过嫩叶，还会捕食其他蜗牛。

*
这种蜗牛学名为断顶刍螺，是一种原产于地中海地区的杂食性蜗牛，已被引入其他大陆作为控制常见有害蜗牛的生物防治方法。

第 50 周至第 52 周

记得有一天，我好奇地捡起一块石头，看到一只小蟾蜍跳了出来。捕食者迟早会来，平衡终将建立。

或许有一天萤火虫 * 也会来。

*
成年萤火虫不需要进食。不过，不会飞的幼虫却是凶残的蜗牛捕食者。

我看向院子地面，发现了小摊的蜗牛粪。我不会打扰蜗牛。现在它们能帮我们将枯叶化为土壤。我的最终结论是，目前我们属于同一个团队。

第 52 周

时间转瞬即逝且暗藏欺骗。快乐的时光总是短暂。而当你迫切期待某事发生时，它又显得那么漫长。不过，在菜园里，一切都遵循着恒定的节奏。黎明时分，鸟儿们前来拜访。到了中午，青蛙晒起了太阳。傍晚时分则是蚊子的天下。

深夜时分，蜗牛到处乱爬。果实不停地慢慢生长，悄悄地改变颜色。叶子像冰川一样缓慢移动。这就是大自然的法则。是一种不断创新的语言，菜园里的所有生物都能立刻明白。

第 54 周

一切总是伴随着虚无。秋天带来了寒冷的天气和更少的阳光。果实不再成熟，作物逐渐枯萎。青蛙躲藏起来。菜园慢慢准备退隐。

该做个盘点了。

我们收获了46公斤美味可口、不含农药、未施化肥的蔬菜。原本可以更多，但肯定也能更少。

我们获得了无数的时刻、经验和灵感。秋天是收藏和存储的好时机。我写下这本书就是为了让我们学到的一切长久留存。书本没有保质期。

我们有了一片属于自己的生活小丛林，6个月的时间里，我们深入其中。春天将会带着它的承诺回来，谁知道呢，希望那时的我们能亲眼见证。

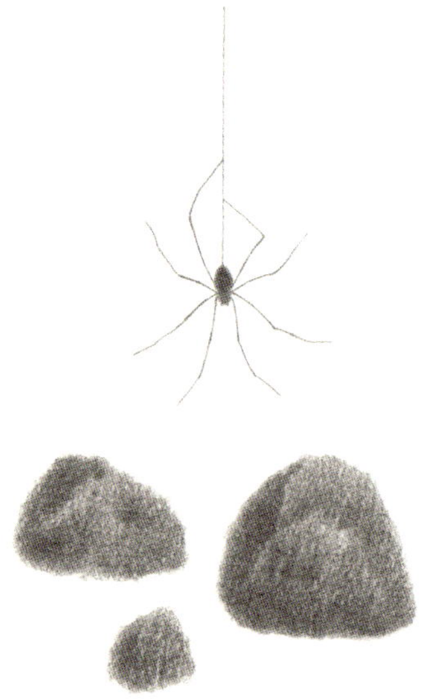

据说，在日本的麦田和稻田里，割下的麦秸会留在原地，每隔几年，就会有成千上万只小蜘蛛冒出来，并且覆盖农田一两天。

蜘蛛们将一缕缕蛛丝抛向空中等待着。微风轻拂，简单的帆便会扬起，将它们送往未知的远方。

大多数蜘蛛会在旅途中死去，成为蝙蝠和鸟类的食物。其他蜘蛛会掉进河流、海洋或者蛮荒之地，无法存活。小部分蜘蛛在经历千难万险的漫长旅行后，将开拓新的天地。

火山爆发 9 个月后，踏上喀拉喀托岛的科学家们只发现一只孤独的蜘蛛。没有植物，没有种子，没有真菌，没有昆虫。只有一只蜘蛛。它乘着风，越过 50 公里的公海，从爪哇、苏门答腊岛或不知道什么地方而来。

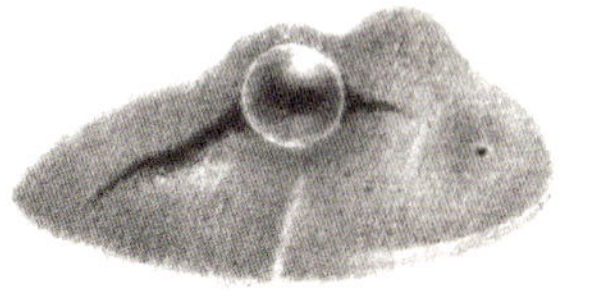

而我想到了克洛蒂尔德，我们那只正躲在某块石头底下的青蛙。想到它克服重重险阻，来到我们这片围在四堵墙之间的菜园。想到它前所未有的出现让我们心生迷恋。

有时我会想：我们做了什么，竟让菜园如此慷慨？我想不出更好的答案：我们只不过是建起了它。我们给了它一块地。一块好地，一份尊重。大自然就在那里，它无处不在，并且，简单朴素，令人惊叹。

怎样才能向菜园展示它的功劳?

这里有一份简单的食谱，就跟大部分能让你快乐的事物一样，它们也许数不胜数，可能是某个菜园、某个人，或者某一天。

我们的食谱，共有 5 个步骤，它会让你度过营养美味的一天。

第 1 步

种一座菜园，1 平方米就够了。

等上几个月，照顾好农作物和所有栖息于此的居民。

集中注意力。学习一切你能学到的东西。

第 2 步

烤茄子

原料

· 小茄子

· 特级初榨橄榄油

· 酱油

· 香草

摘几根小茄子。“小”指的是可食用部分必须小于你的手掌。

将烤箱预热至 200℃。

每根茄子沿纵向和横向各切一刀，但不要完全切断，使其形成打开并于尾部相连的 4 瓣。

整个茄子会形同一朵花。用大量食盐腌制 15 分钟左右，让其脱水，去掉苦味。

接下来，将茄子过水，去除盐分和流出的黑汁。沥干水分后，内外涂抹由特级初榨橄榄油、少许酱油和香草（百里香、牛至、迷迭香……）混合而成的调料。

烘烤 20 分钟左右，或者直到内部茄肉呈金黄色。具体时长根据茄子大小而定。

在将它们从烤箱里拿出来的时候，你一定要把持住自己。茄子会央求你吃掉它们，但你要尽量坚持到最后一步。

第 3 步

简单的樱桃番茄蛋糕

原料

· 200 克面粉

· 特级初榨橄榄油，5 餐勺

· 50 毫升水

· 食盐、半勺咖啡粉

· 菜园里的香草（细香葱、百里香、牛至……）

· 芥末酱（3 到 4 小勺）

· 一种你喜欢的奶酪，但不要太熟，以保证加热后能很好地融化（埃门塔尔干酪碎、菲达奶酪、山羊奶酪、马苏里拉奶酪、古冈左拉干酪……）

· 樱桃番茄（多个）

将你的 T 恤下摆挽成一个临时菜

篮，往里面装满樱桃番茄。

将烤箱预热至 180℃。

将面粉、油、水、盐和香草揉和在一起，直至形成一个质地均匀且不黏手的面团。将面团放入蛋糕模具中摊平。用叉子在面饼的底部扎个孔，以免面饼膨胀。

给面饼涂上芥末酱。

将奶酪（丝状、块状或碎屑状）铺满整个面饼。

把需要用到的樱桃番茄切成两半，这样一来，在将其切面朝上摆放时，便能盖住整个面饼。把多余的番茄吃掉吧。这是你应得的。

在奶酪和芥末酱都已添加完成的前提下，用椒盐调味。撒上香草。烘烤 20 分钟左右。

第 4 步

（你可以趁烤茄子或烤樱桃番茄蛋糕时进行这一步骤）

酸奶黄瓜酱

原料

· 2 根中等大小的黄瓜
· 一份希腊酸奶（125 克）
· 半个柠檬的汁
· 油（1 餐勺）
· 1 小瓣大蒜
· 薄荷
· 食盐

取 2 根中等大小的黄瓜。别犹豫太久，否则它们会长大，就不再是中等大小了。

黄瓜切丝，用盐狠腌，不用怜惜。让其脱水 15 分钟。之后，将它们过水去盐，然后用手挤出所有水分。

将大蒜剁成泥，或者，如果你想省点劲儿，也可以用蒜臼将它捣碎。

将酸奶（尽量用希腊酸奶，因为更浓稠）与切碎的薄荷、柠檬汁、大蒜、油、黄瓜和少许盐搅拌在一起。

冷藏到想吃的时候再拿出来。

第 5 步

挑一个阳光明媚的日子，在菜园旁边摆上一张小桌和几把椅子。桌上铺一块桌布，最好是格纹的。

在每个盘子里放上一块简单的樱桃番茄蛋糕、一份烤茄子和一勺酸奶黄瓜酱。

感谢我们的菜园。

感谢明媚的阳光。

尽情享用吧！